MARAVILLAS ANIMALES 05

LOS GORILAS

KATE RIGGS

CREATIVE EDUCATION | CREATIVE PAPERBACKS

¿HAY BANANAS EN ESTE LIBRO?

¡Mira allí!
¡Gorilas!

índice

Publicado por Creative Education y Creative Paperbacks
P.O. Box 227, Mankato, Minnesota 56002
Creative Education y Creative Paperbacks
son marcas editoriales de Creative Company
www.thecreativecompany.us

Diseño de Graham Morgan
Dirección de arte de Blue Design (www.bluedes.com)
Traducción de TRAVOD, www.travod.com

Fotografías de Getty (Alan_Lagadu, DaveThomasNZ, guenterguni, Ian Nichols, Jacob Maentz, Joel Sartore, Peter G. Veit/National Geographic), iStock, Pexels (Michael McKenney) Shutterstock (BGSmith, emin kuliyev, Eric Isselee, Krakenimages.com, Marek Velechovsky)

Library of Congress Cataloging-in-Publication Data

Names: Riggs, Kate, author.
Title: Los gorilas / by Kate Riggs.
Other titles: Gorillas. Spanish
Description: Mankato, Minnesota : Creative Education and Creative Paperbacks, [2025] | Series: Maravillas | Includes index. | Audience: Ages 4-7 | Audience: Grades K-1 | Summary: "An engaging introduction to giraffes, this beginning reader features eye-catching photographs, humorous captions, and easy-to-read facts about this African animal"-- Provided by publisher.
Identifiers: LCCN 2023049160 (print) | LCCN 2023049161 (ebook) | ISBN 9798889890980 (library binding) | ISBN 9781682775219 (paperback) | ISBN 9798889891284 (ebook)
Subjects: LCSH: Gorilla--Africa--Juvenile literature.
Classification: LCC QL737.P94 R54518 2025 (print) | LCC QL737.P94 (ebook) | DDC 599.884--dc23/eng/20231204

Impreso en China

Los gorilas son animales llamados simios. Viven en **África**.

NO SABE TAN BIEN COMO SE VE.

Los gorilas son grandes. Tienen cuerpos peludos. Tienen cabezas grandes.

Un gorila tiene brazos largos. Usa las manos y los pies para caminar.

BRAZOS MÁS LARGOS QUE LAS PIERNAS.

A los gorilas les encanta comer plantas. Tienen **mandíbulas** fuertes. Los gorilas hacen muchos sonidos. **Gruñen** y ladran.

ME GUSTARÍA
PODER CANTAR.

ESTA ES
MI TROPA.

A un gorila joven se lo llama cría. Las crías viven con su familia en una **tropa**.

Los gorilas comen y comen. Después, toman una siesta. Las crías de gorila juegan.

CUÁNTO SUEÑO.

ADIÓS.

¡Adiós,
gorilas!

[Imagina un gorila]

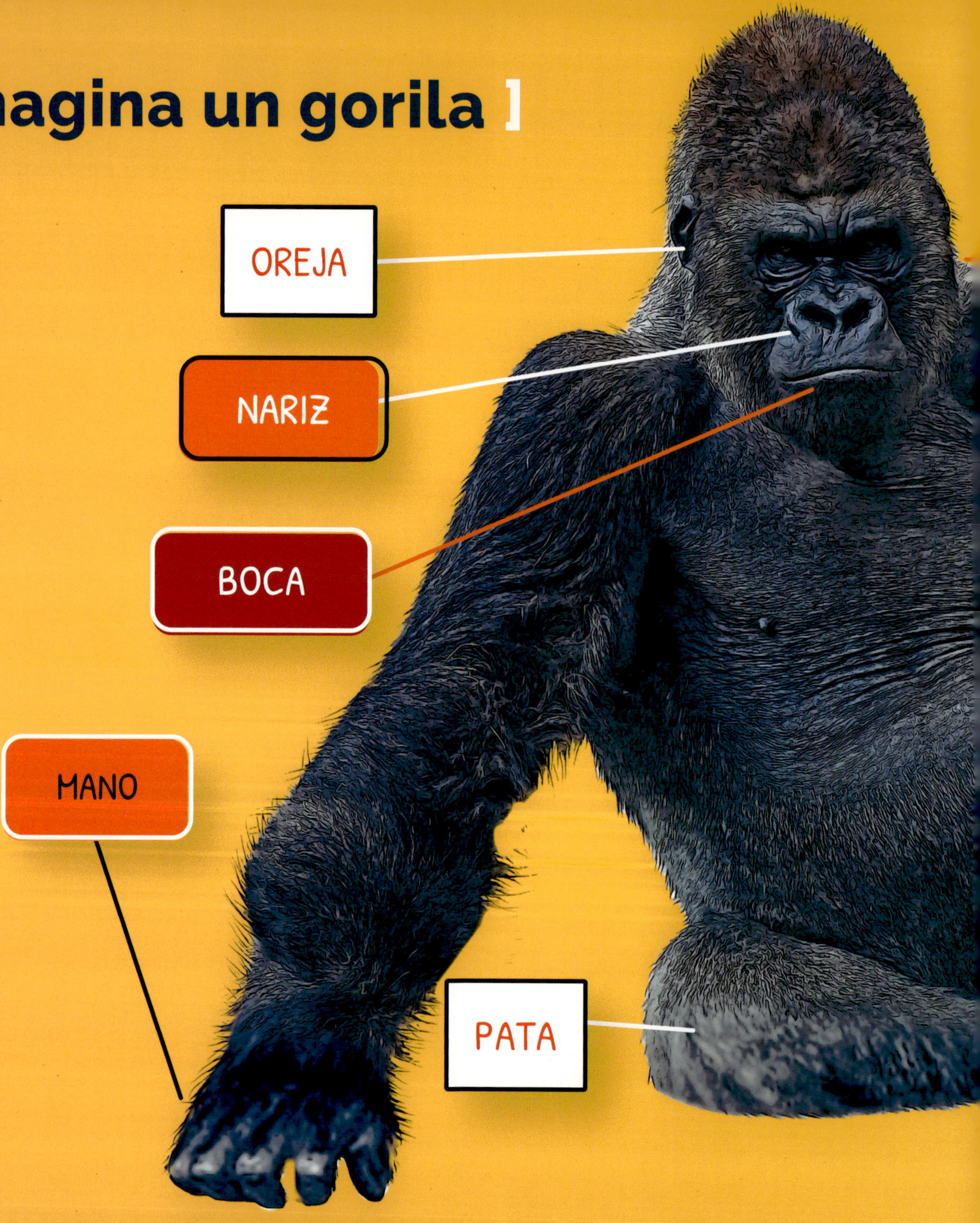

CABEZA
OJO
PELO
PIE

PALABRAS QUE DEBES CONOCER

África: la segunda masa continental más grande del mundo

gruñido: un sonido corto y bajo que viene de la parte posterior de la garganta

mandíbulas: las partes superior e inferior de la boca

tropa: un grupo de gorilas que viven juntos

ÍNDICE ALFABÉTICO